Pascal Hafner

Aus der Reihe: e-fellows.net stipendiaten-wissen

e-fellows.net (Hrsg.)

Band 2920

Die ersten Sterne im Universum

GRIN Verlag

BEI GRIN MACHT SICH IHR WISSEN BEZAHLT

- Wir veröffentlichen Ihre Hausarbeit, Bachelor- und Masterarbeit

- Ihr eigenes eBook und Buch - weltweit in allen wichtigen Shops

- Verdienen Sie an jedem Verkauf

Jetzt bei www.GRIN.com hochladen und kostenlos publizieren

GRIN

Bibliografische Information der Deutschen Nationalbibliothek:

Die Deutsche Bibliothek verzeichnet diese Publikation in der Deutschen Nationalbibliografie; detaillierte bibliografische Daten sind im Internet über http://dnb.d-nb.de/ abrufbar.

Impressum:

Druck und Bindung: Books on Demand GmbH, Norderstedt Germany
ISBN: 9783668835504

Dieses Buch bei GRIN:

https://www.grin.com/document/448859

Anton-Bruckner-Gymnasium Straubing *Abiturjahrgang 2018*

S E M I N A R A R B E I T

Rahmenthema des Wissenschaftspropädeutischen Seminars:
Sternentwicklung
Leitfach: *Physik*

Thema der Arbeit:

Die ersten Sterne im Universum

Verfasser: Pascal Hafner

Abgabetermin: *07. November 2017*

Inhalt

1. Einleitung

Schon Harald Lesch schrieb in seinem Buch, dass die ersten Sterne im Universum brandheiß sind, das heißt diese Objekte sind Gegenstand hochaktueller Forschung. Dies war auch mein Antrieb die Seminararbeit über dieses Thema zu verfassen, denn es gibt auf diesem Gebiet noch so viele ungelöste Fragen, die einer Beantwortung erfordern. Somit soll diese Arbeit nicht nur den aktuellen Wissensstand über diese in jeder Hinsicht besonderen Sterne vermitteln, sondern auch einen Einblick in die aktuelle Forschung gewährleisten. Der Fakt, dass immer wieder neue Erkenntnisse gewonnen werden, bedeutet aber auch, dass das, was hier dargelegt wird, bereits veraltet sein und dem neueren Kenntnisstand nicht mehr entsprechen kann. [1,2]

Gleichzeitig muss aber auch betont werden, dass das, was in der Arbeit dargelegt wird, gar nicht der Wahrheit entsprechen muss, denn die Physik, die das Leitfach dieser Arbeit darstellt, ist eine empirische Wissenschaft. Solche Wissenschaften vermögen nicht über die Wahrheit zu sprechen. Es werden einzig Theorien aufgestellt, die überprüft werden können müssen. Dies bedeutet, dass die Theorie eine gewisse Vorhersage über den Ausgang eines Experiments liefern muss. Das Experiment, welches daraufhin durchgeführt wird, kann dann entweder positiv oder negativ ausfallen. Fällt es negativ aus, so ist diese Theorie eindeutig widerlegt. Fällt das Experiment jedoch positiv aus, so bedeutet das noch lange nicht, dass die Theorie auch der Wahrheit entspricht. Viel mehr bedeutet es, dass sie zumindest nicht falsch ist. Auf dieses positive Ergebnis werden daraufhin viele weitere Experimente folgen, an denen die Theorie dann immer noch scheitern kann. Die Physiker sind somit keine Verifikationisten sondern lediglich Falsifikationisten, die durch die Überprüfung von Theorien niemals die Wahrheit erfahren werden, sondern lediglich der Natur der Dinge etwas näher kommen können. [2,3]

2. Die Entwicklung des Universums

Die Geschichte des Universums begann vor ca.13,7 Milliarden Jahren mit einer Singularität. Dieser Zustand mit unbeschreiblich hoher Dichte und Temperatur wird als sogenannter Urknall bezeichnet. Wenn das Universum einen Anfang gehabt haben soll, bedeutet das allerdings auch, dass es „einen Tag mit einer einzigartigen Eigenschaft: den Tag ohne gestern“ [4, S.40] gegeben haben muss. Folglich bricht hier das Kausalitätsprinzip der Physik, nämlich dass jede Wirkung auch eine Ursache gehabt haben muss, zusammen, da die Frage, was vor dem Urknall war, nicht gestellt werden darf, weil es diesen Zeitpunkt gar nicht gegeben hat. Dies liegt daran, dass die Raumzeit damals noch nicht existierte. Eine Möglichkeit, wie das Etwas einfach so entstehen konnte, liefern Harald Lesch und Josef Gaßner, nämlich durch Quantenfluktuationen, die es auch im Nichts geben kann. [4,5]

Direkt auf den Urknall folgte die sogenannte Planck-Ära, die wir mit unserer Physik allerdings nicht beschreiben können, da die damaligen Eigenschaften des Universums unterhalb einer Grenze der physikalischen Erkenntnis lagen. In dieser Phase existierte ebenfalls noch keine Materie, sondern lediglich Energie, aus der dann im nächsten Abschnitt der Entwicklung des Universums, der sogenannten Inflation, Teilchen und Antiteilchen entstanden. Mit dem Ende der Planck-Ära begann auch erstmals die Raumzeit und somit auch unsere Naturgesetze zu existieren. Dies geschah ca. 10^{-43} Sekunden nach dem Urknall. Obwohl sich Teilchen und Antiteilchen als sogenannte Annihilation wieder zu Energie vernichten, wenn sie zusammenkommen, blieb erstaunlicherweise ein Überschuss an Teilchen übrig. Wie dies geschehen konnte, ist immer noch nicht gänzlich verstanden. Deshalb versucht man zurzeit am LHC mit Versuchen Unterschiede zwischen Materie und Antimaterie zu finden. Vielversprechende Ergebnisse wurden dazu vor kurzem vom ‚LHCb-collaboration‘ veröffentlicht. Aus dem sogenannten Quark-Gluonen-Plasma, das zu dieser Zeit existierte, bildeten sich im weiteren Verlauf Elektronen, Protonen und Neutronen, wie auch ihre Antiteilchen. Den nächsten wichtigen Schritt in der Geschichte des Universums bildet die sogenannte primordinale Nukleosynthese. Dabei entstanden in Fusionsprozessen die jeweiligen Atomkerne von Deuterium, Helium, Lithium und Beryllium. Schwerere Atomkerne konnten jedoch noch nicht gebildet werden, da der Berylliumkern schneller wieder zerfällt, als dass er mit einem

Fusionspartner zusammenstoßen kann. Im Folgenden kam es bei unter 4.000 Kelvin nach ca. 380.000 Jahren zu einem wichtigen Prozess, der sogenannten Rekombination. Dabei bildeten sich aus der zuvor komplett ionisierten Materie erstmals Atome. Dies geschah, weil die Protonen nun die Elektronen elektromagnetisch binden konnten und die Photonen nicht mehr genügend Energie hatten um die Atome wieder zu ionisieren. Die Rekombination ist deshalb so wichtig, da sich die Strahlung in diesem Schritt von der Materie entkoppelte und diese Photonen, die wir als sogenannte Hintergrundstrahlung bezeichnen, können wir heute immer noch registrieren und bieten uns somit eine gute Möglichkeit, um die damaligen Bedingungen und Prozesse so kurz nach dem Urknall zu untersuchen. Im Folgenden wird vereinfachend angenommen, dass zu diesem Zeitpunkt lediglich die ersten beiden Elemente des Periodensystems, nämlich Wasserstoff und Helium, existierten. Dies ist deshalb zulässig, da die Metalle, wie alle Elemente schwerer als Helium von den Astronomen bezeichnet werden, von der damaligen Gesamtmasse des Universums zusammen weniger als 1% ausmachten. Wasserstoff hingegen machte davon rund 75% und Helium ca. 25% aus. Diese Materieverteilung wurde erst nach einigen 100 Millionen Jahren durch die ersten Sterne wieder verändert. Die Geschichte des Universums ist in Abbildung 1 nochmals grob illustriert. [4-8]

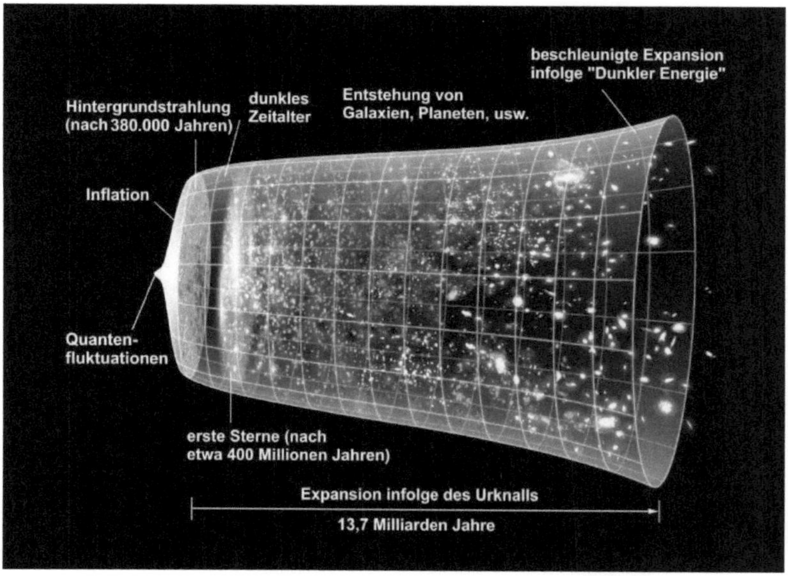

Abb.1: Entwicklung des Universums seit dem Urknall vor ca. 13,7 Milliarden Jahren

3. Einteilung der Sterne

Wenn wir uns im Folgenden mit den ersten Sternen im Universum auseinandersetzen wollen, muss zunächst einmal geklärt werden, welche Sterne überhaupt als solche gelten. Dazu werden alle Sterne die jemals existiert haben in drei ‚Gruppen' eingeteilt. Wie auch Tabelle 1 zeigt, ordnet man metallreiche Sterne, die auch heute noch entstehen und vornehmlich in den Scheiben der Galaxien sind, der Population I zu. Zu dieser zählt beispielsweise auch unsere Sonne. Zur Population II gehören ältere Sterne, die sich überwiegend in den Halos der Galaxien befinden und geringe Metallhäufigkeiten haben. Die ersten Sterne hingegen, die nach dem Urknall entstanden sind und die metallfrei sind, bezeichnet man als Population-III-Sterne. Die der Zeit entgegengesetzte Nummerierung der Populationen, die auf den deutschen Astronomen Walter Baade zurückgeht, ist historisch bedingt. [9,10,11]

Typ	Definition
Population III	Erste Generation von (metallfreien) Sternen
Population II	Alte (Halo-)Sterne mit geringen Metallhäufigkeiten
Population I	Junge, metallreichen (Scheiben-)Sterne, z.B. die Sonne

Tabelle 1: Definitionen der Stern-Populationen

Als nächstes muss allerdings geklärt werden, wie man herausfindet zu welcher dieser drei Populationen ein Stern gehört. Wie im Kapitel über die Entwicklung des Universums bereits erwähnt, bestand die Gesamtmasse des Universums bevor die ersten Sterne entstanden lediglich aus Wasserstoff und Helium. Die schwereren Elemente mussten erst im Inneren der Sterne entstehen. Am Ende des Sternenlebens geben überwiegend die schweren Sterne diese neuen Elemente dann an ihre Umgebung ab und reichern diese so mit schweren Elementen an. Deshalb gibt uns die Metallizität, also der Anteil an schweren Elementen, eines Sterns Aufschluss über seine grobe Entstehungszeit und man kann ihn somit einer Stern-Population zuordnen. Dafür muss zunächst die chemische Zusammensetzung des Sterns ermittelt werden. Diese erhält man durch Spektroskopie, weil sich jedes Element im Spektrum durch Absorptionslinien verrät. Wenn man nun einen Stern spektroskopisch beobachtet hat, erhält man ein Sternspektrum, wie das der Sonne in Abbildung 2. [4,9,12,13,14]

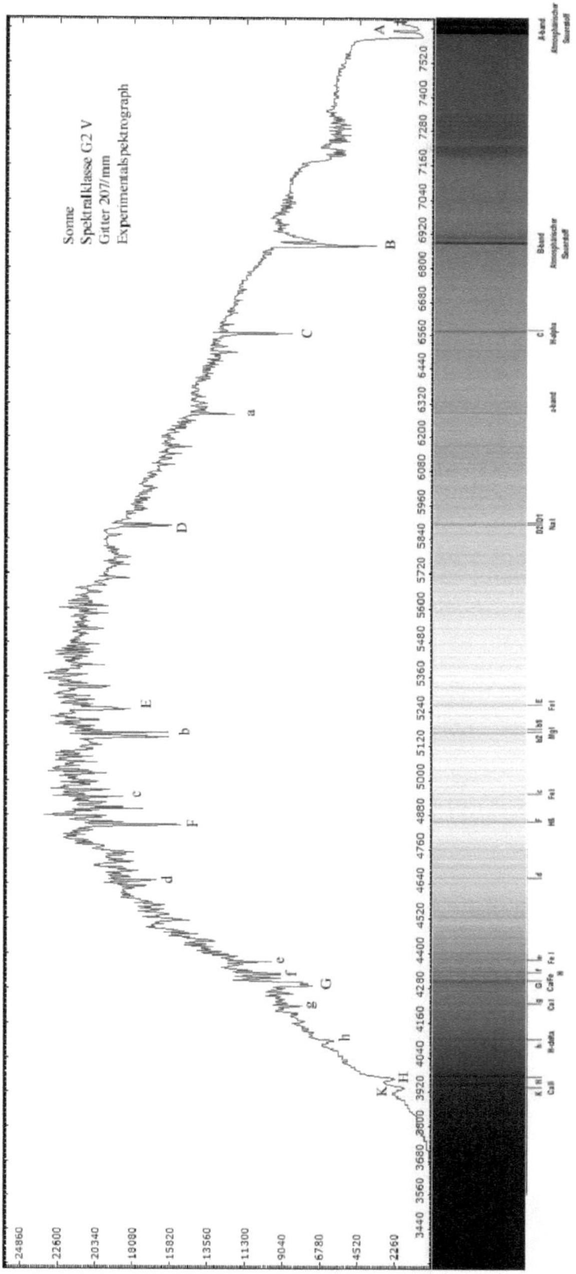

Abb.2: Das Spektrum der Sonne. Auf der x-Achse ist die Wellenlänge in Ångström angetragen und auf der y-Achse die Intensität.

Aus diesem erhält man dann die absoluten Häufigkeiten vieler Elemente. In einem nächsten Schritt setzt man die Häufigkeiten von Eisen zu Wasserstoff in ein Verhältnis zur Sonne. Dazu wird folgende Formel verwendet: [9]

$$[A/B] = \log_{10} (N_A/N_B)_{Stern} - \log_{10} (N_A/N_B)_{Sonne}$$

Dabei steht N für die Anzahl der Atome eines Elements. A ist in unserem Fall Eisen mit dem chemischen Symbol Fe und B ist das Element Wasserstoff mit dem chemischen Symbol H. Das Ergebnis daraus wird dann als Metallizität des Sterns bezeichnet. Für einen Stern, der kein Eisen enthält und somit der Population III angehört, lässt sich diese Rechnung natürlich nicht durchführen. Sterne hingegen für die ein Wert von ungefähr [Fe/H] = -1 oder weniger vorliegt gehören zur Population II, da diese dann höchstens 1/10 der Eisenatome der Sonne haben und somit als relativ metallarm gelten. Population-I-Sterne haben somit eine Metallizität von ca. mindestens [Fe/H] = -1. [9,11,13]

4. Metallarme Sterne

Aus Gründen, die im Kapitel über die Entstehung der ersten Sterne noch genauer erläutert werden, waren die ersten Sterne Giganten mit im Schnitt mehr als 100 Sonnenmassen. Dies allerdings hat zur Folge, dass sie ihr ‚Brennmaterial' auch viel schneller verbrauchen als solche mit geringen Massen. Bei Sternen mit großen Massen wirken nämlich entsprechend dem Gravitationsgesetz nach Isaak Newton auch große Gravitationskräfte: [1,9,11,14,15]

$$F_G = G * (m_1 * m_2)/(r^2)$$

Dabei ist F_G die Gravitationskraft, G die Gravitationskonstante, m_1 die Masse des Sterns, m_2 die Masse eines zweiten Objekts und r der Abstand der beiden Massenmittelpunkte. Damit aber der Stern bei solch einer großen Gravitationskraft sich trotzdem im hydrostatischen Gleichgewicht, auf welches wir später noch genauer eingehen werden, befinden kann, muss ein ebenso großer Gasdruck dieser entgegenwirken. Der Gasdruck steigt mit sinkendem Volumen und steigender Temperatur des Gases an. Entscheidend hierbei ist die steigende Temperatur, denn diese bewirkt, dass der Vorrat an ‚Brennstoff' schneller verbraucht wird. Wie lange ein Stern sich im Wasserstoffbrennen und somit auf der Hauptreihe des Hertzsprung-Russell-Diagramms, zu dem wir im Kapitel über das Leben der ersten Sterne noch genauer kommen, in Abhängigkeit von seiner Masse befindet, führt Harald Lesch in seinem Buch genauer aus: [1,9,13]

$t_{Stern} \sim M_{Stern} / L$

Die Verweildauer eines Sterns auf der Hauptreihe t_{Stern} ist proportional zu seiner Masse M geteilt durch seine Leuchtkraft L. Für die Leuchtkraft gilt aus der Masse-Leuchtkraft-Beziehung: [1]

$L \sim M^{3,5}$

Somit gilt für die Verweildauer: [1]

$t_{Stern} \sim (M_{Stern})^{-2,5}$

Aus diesem Ausdruck wird nochmal deutlich, dass die Lebensdauer eines Sterns umso kürzer ist, je mehr Masse er hat. Weil die ersten Sterne im Universum aber solch große Massen hatten, gibt es diese schon längst nicht mehr und wir brauchen indirekte Methoden, um etwas über diese besonderen Objekte herauszufinden. Das bringt uns zu den metallarmen Sternen, weil diese zumindest chemisch gesehen den ersten Sternen noch ziemlich ähnlich sind. [1,9]

Das nächste Problem ist aber, dass das interstellare Gas inzwischen schon mit vielen schweren Elementen durch das Leben und Sterben vieler Sterne angereichert ist. Somit muss man diese äußerst seltenen Objekte erst einmal finden. Wie bereits erwähnt, sind metallarme Sterne überwiegend im Halo der Galaxien anzutreffen. Der stellare Halo ist ein kugelförmiger Bereich um eine Galaxie, in dem sich vor allem ältere Sterne, Sternhaufen und einige Zwerggalaxien befinden. Das Problem dabei ist, dass wir spektroskopische Beobachtungen durchführen müssen, um die metallarmen Sterne aufzuspüren. Da diese sich aber im Halo unserer Galaxie befinden, fällt weniger Licht von diesen auf unsere Erde. Umso schwieriger ist es noch, bei Sternen in anderen Galaxien Spektroskopie zu betreiben. Dieses Problem ist mit heutigen leistungsstarken Teleskopen aber glücklicherweise vernachlässigbar. Anna Frebel führt in ihrem Buch sehr schön aus, wie die Suche nach metallarmen Sternen in der heutigen Forschung durchgeführt wird. Bei dem sogenannten Drei-Schritt-Verfahren werden im ersten Schritt zunächst grobe Sternspektren mithilfe einer großangelegten Himmelsdurchmusterung erstellt. Dies hat zum Vorteil, dass man möglichst viele Sterne untersucht und somit mehr potentielle Kandidaten für metallarme Sterne hat. Bei diesen Spektren konzentriert man sich zur Identifikation von metallarmen Sternen an der Kalzium K-Linie, weil die Absorptionslinien von Eisen aufgrund atomphysikalischer Eigenschaften relativ schwach ausgeprägt sind und somit in den groben Spektren zu sehr im Rauschen verborgen sind. Diese Absorptionslinie des Kalziums befindet sich bei einer Wellenlänge von 3933,6 Å und ist bei solchen Sternen schwach ausgeprägt. Für Sterne, die dieses Kriterium erfüllen, werden im zweiten Schritt etwas bessere Spektren mithilfe eines 2m- bis 4m-Teleskops aufgenommen. Aus den daraus erhaltenen Sternspektren lässt sich jetzt verlässlich klären, ob diese wirklich metallarm sind. Die Kalziumhäufigkeit dabei als Indikator für die Eisenhäufigkeit, mit der man die Metallizität berechnet, zu verwenden ist zulässig. Um detaillierte Häufigkeitsbestimmungen der Elemente in den Sternen durchzuführen, ist jedoch noch ein dritter Schritt nötig. Bei diesem beobachtet man die metallarmen Sterne aus dem zweiten Schritt mithilfe eines Großteleskops. Mit den Spektren aus Schritt drei kann man nun die Häufigkeitsanalysen durchführen und dann die Metallizität berechnen. Metallarme Sterne zeichnen sich durch höchstens 1/10tel des solaren Eisengehalts aus, sie haben also höchstens eine Metallizität von [Fe/H] = -1. Der Stern mit der bis dahin geringsten Eisenhäufigkeit, der von Anna Frebel im Alter von 20 Jahren im Rahmen ihrer Promotion entdeckt wurde, ist HE 1327-2326. Dieser extrem metallarme Stern hat eine Metallizität von [Fe/H] = -5,4, was nur 1/250000stel des Eisengehalts der Sonne entspricht. [4,9,13,14]

Durch ein genaueres Studium der entdeckten metallarmen Sterne kann man nun viel über die ersten Sterne im Universum erfahren. Es ergeben sich nämlich bei manchen dieser nochmals ungewöhnliche Elementhäufigkeiten. Zu diesen zählen beispielsweise die kohlenstoffreichen Sterne, Sterne mit Überhäufigkeiten von Neutroneneinfangelementen oder Sterne mit großen Bleihäufigkeiten. Insgesamt machen diese besonderen Objekte nur ungefähr 10% der metallarmen Sterne aus.

Durch eine genaue Untersuchung der kohlenstoffreichen Sterne lässt sich zum Beispiel mehr über die Kohlenstoffnukleosynthese in den ersten Sternen, die Anreicherung des interstellaren Mediums durch Sterne der ersten Generation oder Ähnliches herausfinden. Durch all diese besonderen Sterne erhofft man sich vor allem die Nukleosyntheseprozesse und Entstehungsorte der Elemente durch die Häufigkeitsmuster in den Sternen besser zu verstehen. Auch die Massen und Explosionsenergien der ersten Sterne im Universum konnten durch eine genauere Untersuchung der metallarmen Sterne mit zusätzlich ungewöhnlichen Häufigkeitsmustern eingegrenzt werden. [9]

5. Die ersten Sterne im Universum

Nachdem jetzt bereits geklärt wurde, wie man so Einiges über die ersten Sterne erfahren kann, wollen wir uns nun eingehender mit diesen besonderen Sternen beschäftigen, die nach den neuesten Erkenntnissen ca. 500 Millionen Jahre nach dem Urknall entstanden. [16,17]

5.1 Entstehung der ersten Sterne

Weil die Entstehung der ersten Sterne im Universum nach heutigem Erkenntnisstand besonders war, wollen wir uns zunächst mit der Entstehung aller übrigen Sterne auseinandersetzen, um dann die konkreten Unterschiede aufzuzeigen. Ein Stern entsteht, egal ob bei den ersten oder allen anderen, immer aus dem gleichen ‚Baumaterial‘, welches interstellare Gaswolken sind. Dabei handelt es sich um ein Gas, das sich in den Galaxien zwischen den Sternen befindet und überwiegend aus Wasserstoff und Helium besteht. Abbildung 3 zeigt den Orion-Nebel, in dem eine große Menge an solchem interstellaren Gas konzentriert ist. Dieser Nebel ist einer mit einer sehr hohen Sternentstehungsrate in unserer Milchstraße und ist von der Erde aus im Sternbild Orion zu finden. [1,9,14,18]

Abb.3: Ort der Sternentstehung: der Orion-Nebel (M42) im Sternbild Orion

Für die Sternentstehung muss sich solch eine Gaswolke zusammenziehen, allerdings ist das nicht ganz so einfach. Die Kraft, die für den Kollaps sorgen soll ist die Gravitationskraft. Diese ist natürlich durch die eigene Masse der Gaswolke auch da. Allerdings kann sie sich auch nur dann zusammenziehen, wenn die Wolke nicht vollkommen homogen ist, also die Materie nicht gleichmäßig verteilt ist. Dies ist zum Glück eigentlich immer der Fall. Somit kann unter dieser Bedingung der gravitative Kollaps starten. Das wirkliche Problem tritt erst im Folgenden auf, wenn sie sich schon zu einem gewissen Grad zusammengezogen hat. Denn nach dem idealen Gasgesetz steigt der thermische Druck des Gases mit sinkendem Volumen und steigender Temperatur an: [1,15]

$$p*V = n*R*T$$

In dieser Gleichung ist p der Druck, V das Volumen, T die Temperatur des Gases, n die Stoffmenge und R die allgemeine Gaskonstante. Wenn der thermische Druck aber immer größer wird, wird er irgendwann die Gravitationskraft komplett aufheben und die Gaswolke könnte nicht weiter verklumpen und somit auch kein Stern entstehen. Dennoch muss es dafür eine Lösung geben, weil es sonst unsere Sonne gar nicht geben könnte. Eine mögliche Lösung ist, dass sich in verdichtenden

Gaswolken Turbulenzen bilden. Daraus folgt, dass sich zufällig Gebiete mit genügend hoher Dichte bilden, bei denen der thermische Druck die Gravitationskraft nicht mehr ausgleichen kann. Diese sogenannten Globulen sind zudem durch das umliegende Gas von äußerer Strahlung und daraus folgender Erwärmung geschützt und können sich ungehindert weiter zu einem Stern verdichten. Eine weitere Möglichkeit ist, dass die Gaswolke sich selbst abkühlt. Dies funktioniert, indem Elektronen, die im Gas umherschwirren, bei höheren Temperaturen einen Teil ihrer Bewegungsenergie an Photonen abgeben. Dieser inverse Compton-Effekt kann die Wolke aber nicht genügend kühlen. Bei niedrigeren Temperaturen regen sich dann Atome bzw. Moleküle durch gegenseitige Zusammenstöße an und strahlen diese Energie dann nach außen ab, wenn das Atom bzw. Molekül wieder in den normalen Zustand zurückkehrt. Außerdem kann eine stabile Gaswolke auch noch durch externe Einflüsse zum Kollaps gebracht werden. Dies ist zum Beispiel der Fall, wenn in der Nähe ein Stern als Supernova explodiert. Dies löst eine Druckwelle aus, die auf die stabile Wolke trifft und diese im Folgenden zum Verdichten anstößt. Dies sind also die Möglichkeiten, wie die Gaswolke sich weiter verdichten kann. Im nächsten Schritt der Sternentstehung wird aus dem Gas ein Plasma. Denn die normalen Atome können ab einer gewissen Temperatur, die durch das Komprimieren immer weiter steigt, die Elektronen nicht mehr binden und sie werden ionisiert. Dieser Zustand als sehr heißer Gasball, der jedoch noch keine Kernfusion betreibt, wird Protostern genannt. Bei weiter steigenden Temperaturen setzt dann die Kernfusion ein, wenn Wasserstoff zu Helium fusioniert wird und aus dem Protostern ein Stern geworden ist. [1,4,9,14,15,19]

Da wir nun die ‚normale' Sternentstehung kennen, kommen wir jetzt zu den Unterschieden bei der Geburt der allerersten Sterne. Bis zum Problem mit dem thermischen Druck, der den gravitativen Kollaps aufhält, war der Prozess der selbe. Dieses Problem konnte jedoch nicht mit den Möglichkeiten bei der Entstehung heutiger Sterne gelöst werden. Dass eine Supernova in der Nähe nicht zum Kollaps führen konnte, liegt daran, dass es zu dem Zeitpunkt noch keine Sterne gab. Die zweite Möglichkeit scheitert an den nicht vorhandenen schweren Elementen. Denn nur die schweren Moleküle können effektiv kühlen. Somit brauchten die primordinalen Gaswolken einen anderen Weg, um zu den ersten Sternen zu werden. Die Lösung des Problems ist eine genügend hohe Masse der Gaswolke. Denn nach dem Gravitationsgesetz ist die Gravitationskraft umso größer, je mehr Masse vorhanden ist. Der Physiker und Mathematiker James Jeans stellte dazu eine Formel auf: [1,4,9,10,11,12,19]

$$M_J = ((\pi * R)/(G * \mu))^{3/2} * T^{3/2} * \rho^{-1/2}$$

M_J ist die sogenannte Jeans-Masse, welche die Masse einer Gaswolke angibt, die sie mindestens haben muss, um zu einem Stern kollabieren zu können. Dabei ist G die Gravitationskonstante, μ das Molekulargewicht, R der Radius, T die Temperatur und ρ die Dichte der Wolke. Man erkennt, dass in diese Masse die Temperatur hoch 3/2 eingeht und da die primordinalen Gaswolken nicht effektiv kühlen konnten, hatten sie im Schnitt mehr als 100 Sonnenmassen. Mit solch großen Massen konnte der Prozess dann auch wie bisher weitergehen bis zum endgültigen Stern. Wenn genügend Masse vorhanden war, ist meiner Meinung nach, auch wenn die Quellen hierbei auseinandergehen, eine Entstehung mehrerer Sterne aus einer primordinalen Gaswolke anzunehmen, da solch enorme Mengen an Material sehr instabil sind, weshalb in der Folge einzelne Regionen bei der sogenannten Fragmentierung kollabierten. Dies zeigten auch neueste Simulationen. [1,11,12,14]

5.2 Leben der ersten Sterne

Wenn die ersten Sterne im Universum bei ca. 15 Millionen Kelvin Zentraltemperatur das Wasserstoffbrennen, also die Fusion von Wasserstoff zu Helium, zündeten und somit endgültig als Sterne zählten, erreichten sie im Hertzsprung-Russell-Diagramm die bereits erwähnte Hauptreihe. Dieses wichtigste Diagramm der Astronomie wurde sowohl vom amerikanischen Astronom Henry Norris Russell, als auch vom dänischen Astronom Ejnar Hertzsprung entwickelt. In diesem ist die absolute Helligkeit (bzw. die Leuchtkraft) gegen die Oberflächentemperatur (bzw. die Spektralklasse) angetragen. Die Hauptreihe im Hertzsprung-Russell-Diagramm, wie man sie in Abbildung 4 sieht, ist ein von links oben nach rechts unten verlaufendes Band, auf dem sich alle Sterne im Wasserstoffbrennen befinden. Allerdings gibt es während dieser Phase einen Unterschied zwischen den ersten Sternen und den übrigen Sternen mit ähnlich hohen Massen. Dieser liegt an der Art und Weise, wie Wasserstoff zu Helium fusioniert wird. Die Sterne, die nicht zur ersten Generation gehören und ausreichend Masse besitzen, gewinnen ihre Energie hauptsächlich durch den sogenannten CNO-Zyklus. Allerdings ist für diesen Kreislauf Kohlenstoff (^{12}C) als Katalysator nötig, weshalb die ersten Sterne diesen auch nicht betreiben konnten. [1,4,9,11,20]

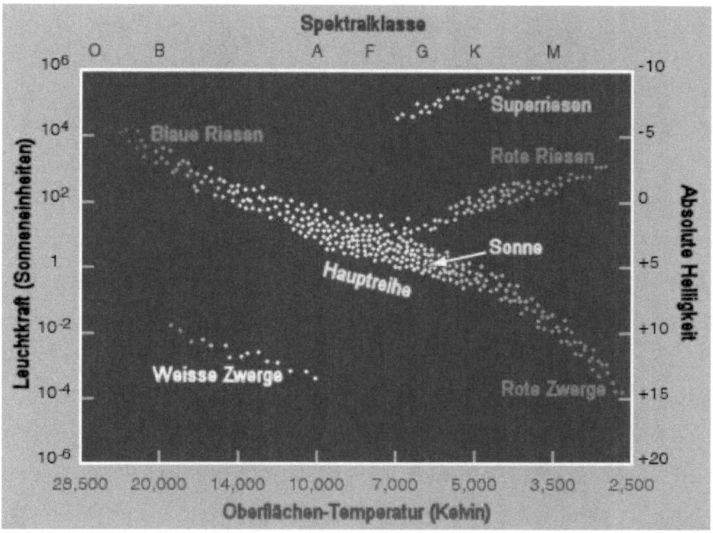

Abb.4: Das Hertzsprung-Russell-Diagramm mit der Hauptreihe, die quer durch das Diagramm verläuft.

$$
\left.\begin{array}{ll}
1) & {}^{1}H + {}^{1}H \longrightarrow {}^{2}D + e^{+} + \nu_e \\
2) & {}^{2}D + {}^{1}H \longrightarrow {}^{3}He + \gamma
\end{array}\right\} 2\times
$$

$$
3) \quad {}^{3}He + {}^{3}He \longrightarrow {}^{4}He + 2\,{}^{1}H
$$

$$
4\,H \longrightarrow 1\,He + 2\,\gamma + 2\,\nu_e + 2\,e^{+}
$$

Abb.5: Die Reaktionsgleichungen bei der p-p-Kette, die die ersten Sterne im Wasserstoffbrennen betrieben.

Stattdessen fusionierten die ersten Sterne im Universum den Wasserstoff durch die sogenannte Proton-Proton-Kette zu Helium. In der p-p-Kette verschmelzen insgesamt vier Protonen, welche den Atomkern des Wasserstoffs bilden, über die Zwischenprodukte Deuterium und Helium-3 zu einem Helium-4-Kern. Die genauen Reaktionsschritte dieser Kernfusion sind in Abbildung 5 dargestellt. Insgesamt gewinnt der Stern bei einer solchen Fusionsreaktion 26,23 MeV an Energie. Diese ist zwar sehr gering, bedenkt man allerdings, wie viele Protonen für diesen Prozess zur Verfügung stehen, so wird deutlich, wie viel Energie der Stern dadurch gewinnen kann. Diese p-p-Kette sorgte letztendlich dafür, dass die Leuchtkraft der ersten Sterne aufrechterhalten wurde. [1,4,9,20]

Während dem Wasserstoffbrennen stellte sich im Stern außerdem das bereits erwähnte hydrostatische Gleichgewicht ein. Bei diesem hielten sich die nach innen gerichtete Gravitationskraft und der nach außen gerichtete thermische Druck mit dem Strahlungsdruck, der bei solch großen Massen, welche die ersten Sterne im Universum hatten, nicht mehr zu vernachlässigen ist, perfekt die Waage. Dieses Gleichgewicht blieb dadurch erhalten, dass es ein selbst regulierender Prozess ist. Die Fusionsrate des Sterns durch die p-p-Kette ist nämlich temperaturabhängig. Somit sorgte ein kleines Übergewicht an Gravitation und ein schrumpfender Stern dafür, dass die nach außen gerichteten Kräfte stiegen und der Stern sich wieder aufblähte. Ebenso sinkte beim umgekehrten Prozess die Fusionsrate mit steigendem Volumen. Am Ende hielten sich die beiden Kräfte aber wieder genau die Waage. Abb.6 veranschaulicht das hydrostatische Gleichgewicht eines Sterns nochmal, wobei auch an den Druck durch die Fliehkraft gedacht wurde. [1,4,9]

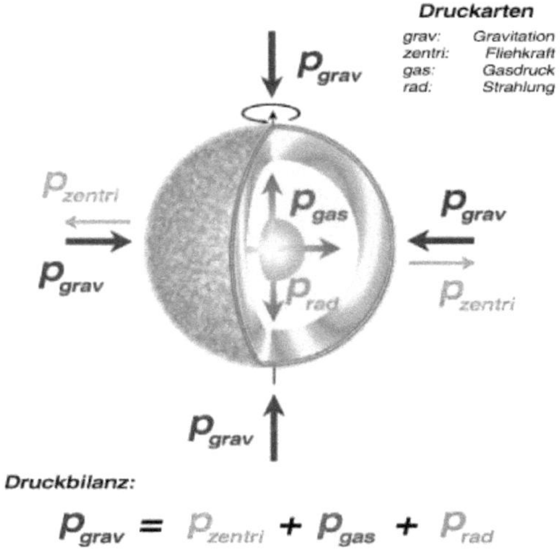

Abb.6: Ein Stern, bei dem sich Gravitation und Fliehkraft, Gasdruck und Strahlungsdruck genau aufheben.

Dadurch, dass die ersten Sterne den CNO-Zyklus nicht zur Verfügung hatten, mussten sie sich weiter zusammenziehen als heutige Sterne gleicher Masse, genauer gesagt hatten sie fünf bis zehn Sonnenradien. Dies führte zu höheren Kerntemperaturen, um mit der p-p-Kette die nötige Fusionsrate zu erzeugen, damit die Gravitationskraft ausgeglichen wird. Ihre Oberflächentemperaturen reichten somit bis zu 100.000 Grad Kelvin. Dies wiederum führte dazu, dass die ersten Sterne die Wasserstoffatome in ihrer Umgebung mit ihrer energiereichen UV-Strahlung wieder ionisierten, was als Reionisation bezeichnet wird. Außerdem führten die genannten Bedingungen zu Leuchtkräften, die mindestens eine Millionen mal der der Sonne entsprachen. [1,9,11,19]

Auf die Phase des Wasserstoffbrennens folgten im Leben der ersten Sterne im Universum, weil sie solch große Massen und somit mehr als acht Sonnenmassen hatten, das Heliumbrennen, das Kohlenstoffbrennen, das Neonbrennen, das Sauerstoffbrennen und schließlich das Siliziumbrennen. Am Schluss dieser Brennphasen blieb letztlich im Zentrum des Sterns ein Kern aus Eisen und Nickel übrig, da aus der Fusion von Eisen keine Energie mehr gewonnen werden kann, sondern Energie aufgewendet werden müsste. [1,9,11]

5.3 Sterben der ersten Sterne

Bei den ersten Sternen dauerte es aufgrund der enormen Massen wenige Millionen Jahre von der Geburt bis zum Tod des Sterns. Dies ist astronomisch gesehen eine sehr kurze Dauer und warum das so ist wurde im Kapitel über die metallarmen Sterne bereits erläutert. Auch beim Sterben dieser Sterne spielte ihre Masse wieder eine wichtige Rolle. Die Supernovaexplosionen, in welchen die ersten Sterne starben, bezeichnet man als sogenannte Kern-Kollaps-Supernovae. Allerdings ist diese nicht nur auf Sterne der Population III beschränkt, sondern hängt von der Masse der Sterne ab. Dieser ganze Vorgang vom Tod der ersten Sterne begann damit, dass sich im Zentrum ein Kern aus Eisen und Nickel befand. Da Eisen aber, wie bereits erwähnt, nicht weiter fusioniert werden kann, setzte im Zentrum die Kernfusion aus. Um den Kern herum besaß der Stern zwar noch Schalen, in denen die vorherigen Brennphasen weiterliefen, allerdings reichte der dadurch erzeugte Strahlungsdruck nicht mehr aus und die Gravitationskraft gewann die Überhand.

Zunächst wurde der Kern des Sterns weiter komprimiert, was dazu führte, dass die Elektronen mit den Protonen zu Neutronen verschmolzen. Dieser inverse β-Zerfall führte letztlich dazu, dass sich ein Neutronenkern gebildet hat. Die Gravitation führte aber auch dazu, dass die einzelnen Hüllen des Sterns auf den Kern aus Neutronen stürzten. Die Simulationen, welche die Explosionen der ersten Sterne darstellen, zeigen drei verschieden Arten von Kern-Kollaps-Supernovae, je nach dem wie viel Masse der Stern besitzt. [1,9,10,11,13]

Die erste der drei Arten von Supernovaexplosionen vollzog sich bei den ersten Sternen, deren Masse im Bereich von 25 bis 140 Sonnenmassen lag. Bei dieser Art stürzten die inneren Schalen auf den im Zentrum befindlichen Kern und prallten von ihm, da dieser nicht weiter komprimiert werden konnte, zurück. Jedoch kamen diese nicht weit, weil die nachstürzenden äußeren Sternhüllen dafür sorgten, dass der Neutronenkern, obwohl er nicht weiter komprimiert werden konnte, in ein Schwarzes Loch zusammengefallen ist. Dessen hohe Anziehungskraft ließ die meisten Sternhüllen nicht entkommen und ein Großteil aller Elemente, die während der verschiedenen Brennphasen entstanden, stürzte in das Schwarze Loch. Somit sorgten Sterne dieser Größenordnung für keine Anreicherung des interstellaren Mediums mit schweren Elementen in der Umgebung des Sterns. [1,9,11,13]

Bei den ersten Sternen im Bereich von 140 bis 260 Sonnenmassen begann das Sterben schon während der letzten Brennphasen. Diese besondere Art der Kern-Kollaps-Supernovae bezeichnet man als Paar-Instabilitäts-Supernovae, weil die bei den Fusionsprozessen freigesetzte Gammastrahlung so energiereich war, dass bei der Bestrahlung von Atomkernen mit dieser Gammastrahlung Elektronen und Positronen entstehen konnten. Dadurch kam es jedoch zu einem enormen Druckverlust, weil die Strahlung, die für den Strahlungsdruck verantwortlich ist, verschwand. Somit ließ die Gravitation den Stern immer weiter kollabieren, sodass die letzten Brennphasen schnellstmöglich durchlaufen wurden. Dies ging so lange, bis die unkontrollierte Kernfusion zu einer gewaltigen Explosion führte. Durch diese enorme Energiefreisetzung konnten jetzt auch weitere Elemente fusioniert werden, allerdings aufgrund des Explosionsmechanismus nur bis zum Element Zink. Das ganze Material wurde im Folgenden in die Umgebung des Sterns geschleudert, wodurch auch kein Überrest wie ein Schwarzes Loch oder gar ein Neutronenstern übrig blieb. Diese enorme Metallanreicherung durch den Explosionsmechanismus hatte zur Folge, dass die für das Leben so wichtigen Elemente wie Kohlenstoff nun für andere Sterne und eventuell deren Planeten zur Verfügung standen. [1,4,9,10,11,13,19]

Schließlich explodierten solche erste Sterne mit mehr als 260 Sonnenmassen nochmals auf eine andere Art. Solch große Massen ließen den Stern bei der Supernovaexplosion komplett in ein Schwarzes Loch zusammenstürzen. Dadurch sorgten diese Giganten aber für keinerlei Anreicherung des interstellaren Mediums mit schweren Elementen. Diese Schwarzen Löcher, die aus den ersten Sternen mit mehr als 260 Sonnenmassen entstanden sind, dienten wahrscheinlich als Kondensationskeime für die supermassiven Schwarzen Löcher, welche sich heute in den Zentren der Galaxien befinden, indem sie das umliegende Gas angezogen haben. [1,9,10,11,19]

6. Computersimulationen

Wir haben bereits die metallarmen Sterne als wichtige Informationsquelle für die ersten Sterne kennengelernt. Eine weitere Möglichkeit, um mehr über diese besonderen Objekte in Erfahrung zu bringen, bieten uns die sogenannten Computersimulationen. Bei diesen Modellrechnungen gibt man dem Computer die Bedingungen im frühen Universum vor, die man zum Beispiel aus der bereits erwähnten kosmischen Hintergrundstrahlung gewonnen hat. Im Folgenden berechnet der Computer dann die weitere Entwicklung des Universums unter diesen Bedingungen. Somit lassen sich Erkenntnisse über die Geburt, Entwicklung und das Sterben der ersten Sterne im Universum gewinnen. Diese Simulationen haben uns beispielsweise gelehrt, dass die Dunkle Materie für die Entstehung der ersten Sterne von großer Bedeutung gewesen sein muss. Demnach hat sich zu Beginn des Universums nur die Dunkle Materie zu Halos verdichtet. Dies geschah noch vor der Rekombination, weil diese Art von Materie nicht elektromagnetisch wechselwirkt und somit nicht von der Strahlung am Verklumpen gehindert werden kann. Erst ca. 380.000 Jahre nach dem Urknall konnte dann die baryonische Materie in die bereits vorhanden Halos aus Dunkler Materie strömen und sich zu den ersten Sternen verdichten. [1,4,12,14,16,21,22]

Das große Problem bei den Modellrechnungen ist jedoch, dass minimale Änderungen der Anfangsbedingungen zu anderen Ergebnissen führen können. Somit müssen die Bedingungen im frühen Universum genauestens bekannt sein, um zu verlässlichen Ergebnissen zu kommen. Ebenso ist die Rechenkapazität der Computer nicht unbegrenzt. Deshalb war und ist die Frage ob es bei der Entstehung der ersten Sterne im Universum zur Fragmentierung gekommen ist lange umstritten. Erst mit fortschreitender Technik konnten die Simulationen länger laufen gelassen werden und es kristallisierte sich die Bildung mehrerer Sterne aus einer Gaswolke heraus. Ebenso wie die Erkenntnisse über die Geburt der ersten Sterne, stammen auch die bereits erwähnten Erkenntnisse über das Sterben der ersten Sterne überwiegend von Computersimulationen. [1,9,11,12,14]

7. CR7: Entdeckung von Population-III-Sternen

Bisher sind wir durch die theoretischen Überlegungen davon ausgegangen, dass die ersten Sterne zu große Massen hatten, um heute noch immer existieren zu können. Jedoch wurde im Juni 2015 eine Veröffentlichung gemacht, welche die Entdeckung von Population-III-Sternen behauptet. Eine Gruppe von Portugiesischen Astronomen um David Sobral hat demnach mit dem Very Large Telescope der ESO eine weit entfernte und helle Galaxie beobachtet, welche sie CR7 nannten. Eine künstlerische Darstellung der CR7-Galaxie ist in Abb.7 zu sehen. Das besondere an dieser Galaxie ist, dass in einer großen Region von ihr im Spektrum lediglich Wasserstoff und ionisiertes Helium, jedoch keine Spuren von Metallen zu finden sind. Genau das sind die Kennzeichen, die man von einem Stern der aller ersten Generation erwartet hatte. Die Frage ist nur, wie konnte man Population-III-Sterne nun doch entdecken, obwohl es sie schon längst nicht mehr geben soll. Diese Galaxie ist so weit von uns entfernt ist, dass das Licht, welches von ihr ausgesendet wurde, aufgrund der begrenzten Lichtgeschwindigkeit lange genug unterwegs war und wir somit weit genug in die Vergangenheit schauen, um die Sterne der ersten Generation untersuchen zu können. CR7 bedeutet nämlich nichts anderes als COSMOS Redshift Seven, was ein Maß für die enorme Entfernung dieser Galaxie ist. Das wichtigste an dieser Entdeckung ist allerdings, dass diese Sterne viele der theoretischen Überlegungen zu den Population-III-Sternen erfüllen konnten. [10,23,24,25]

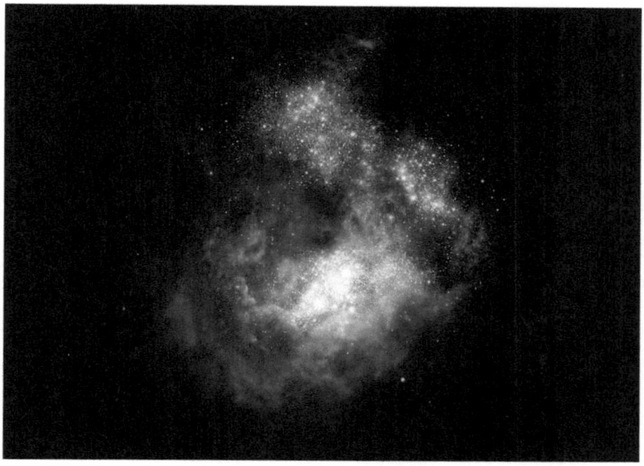

Abb.7: Künstlerische Darstellung der CR7-Galaxie, in der Sterne der ersten Generation entdeckt wurden.

8. Ausblick

Auch wenn wir inzwischen schon ein sehr gutes Verständnis über die ersten Sterne im Universum besitzen, gibt es doch immer noch offene Fragen. Diese gilt es in naher Zukunft zu klären. In diesem Zusammenhang hoffen die Forscher auf neue und vor allem leistungsstärkere Teleskope und Computer als heutige, die ihnen neue Möglichkeiten für ihre Forschung geben werden. Im Jahr 2018 wird beispielsweise das James Webb Space Telescope mit seinem Spiegel von 6,5 Meter Durchmesser einsatzbereit sein. Dieses wird uns viel genauere Blicke ins All eröffnen, wodurch man hoffentlich weitere Population-III-Sterne entdecken und erforschen wird. Aber auch wenn uns solch eine Entdeckung nicht gelingen wird, werden auf jeden Fall andere Erkenntnisse gewonnen werden, die uns zu einem besseren Verständnis des frühen Kosmos und der ersten Generation von Sternen verhelfen werden. Genauso wichtig wird es sein mit den neuen Möglichkeiten nicht nur neues Wissen zu erarbeiten, sondern auch das bestehende Wissen immer wieder zu testen und zu bestätigen. Es ist für mich jedoch sicher, dass diese Sterne nach wie vor Thema hochaktueller Forschung bleiben werden, denn auch wenn wir, wie bereits in der Einleitung erwähnt, nie behaupten können, die Wahrheit zu kennen, so können wir dennoch durch unsere Methoden der Wahrheit sehr nahe kommen. [1,2,3,21,26]

9. Literaturverzeichnis

[1] H. Lesch, J. Müller, „Weißt du wieviel Sterne stehen? Wie das Licht in die Welt kommt", C. Bertelsmann Verlag, München (2008)

[2] H. Lesch, https://www.zdf.de/ → Rubriken → Doku/Wissen → Frag den Lesch → Suchbegriff „Die Physik und die Wahrheit" → Die Physik und die Wahrheit, Aufrufdatum: 04.11.2017

[3] H. Lesch, https://www.youtube.com/ → Suchbegriff „Wohin geht die Reise in der Physik" → Harald Lesch: Wohin geht die Reise in der Physik, Aufrufdatum: 04.11.2017

[4] H. Lesch, J. M. Gaßner, „Urknall, Weltall und das Leben vom Nichts bis heute Morgen", Verlag KOMPLETT-MEDIA, München/Grünwald (^{3}2016)

[5] A. Müller, http://www.abenteuer-universum.de/ → Inhaltsverzeichnis → Vom Anfang bis zum Ende des Universums, Aufrufdatum: 04.11.2017

[6] A. Müller, http://www.spektrum.de/ → Lexika → Lexikon der Astronomie → P → Planck-Ära, Aufrufdatum: 04.11.2017

[7] https://www.astronomie.de/ → Das Sonnensystem → Basiswissen → Die Entstehung des Universums, Aufrufdatum: 03.04.2017, ohne Autorenangabe

[8] J. Müller, https://www.urknall-weltall-leben.de/ → zu den News → Materie-Antimaterie: Die Vierte, Aufrufdatum: 04.11.2017

[9] A. Frebel, „Auf der Suche nach den ältesten Sternen", S. Fischer Verlag, Frankfurt am Main (^{2}2014)

[10] J. M. Gaßner, https://www.urknall-weltall-leben.de → Videos→ Josef M. Gaßner solo → CR7 – Licht der ersten Sterne, Aufrufdatum: 04.11.2017

[11] M. Heyssler, „Das Leben der Sterne Teil III: Endphasen der Sterne", Springer-Verlag, Wiesbaden (2016)

[12] H.-M. Hahn, https://www.welt.de/ → Mehr → Weltraum → Suchbegriff „Wie die ersten Sterne im Universum entstanden" → Sortieren nach: Relevanz → Wie die ersten Sterne im Universum entstanden, Aufrufdatum: 04.11.2017

[13] K. W. Plaxco, M. Groß, „Astrobiologie für Einsteiger", Wiley-VCH Verlag, Weinheim (2012)

[14] J. Wambsganß, „Universum für alle 70 spannende Fragen und kurzweilige Antworten“, Springer-Verlag, Berlin Heidelberg (2013)

[15] H. Hammer, C. Hammer, „Formeln und Tabellen aus Physik, Chemie, Mathematik“, J. Lindauer Verlag, München (2013)

[16] N. Prodbregar, http://www.wissenschaft.de → Erde & Weltall → Astronomie → Wann leuchteten die ersten Sterne, Aufrufdatum: 19.03.2017

[17] R. Kayser, http://www.weltderphysik.de/ → Gebiete → Astrophysik → Nachrichten aus der Astrophysik → 2017 → Staub im frühen Universum entdeckt, Aufrufdatum: 04.11.2017

[18] S. Westphal, http://www.astrofreunde-franken.de → Galaktische Nebel → Messier M42 Orionnebel, Aufrufdatum: 04.11.2017

[19] H. Lesch, http://www.br.de/index.html → BR Mediathek → Suchbegriff „Was sind Population-Drei-Sterne“ → Was sind Population-Drei-Sterne?, Aufrufdatum: 04.11.2017

[20] J. M. Gaßner, https://www.urknall-weltall-leben.de → Videos → EBLM J0555-57Ab, p-p-Kette und CNO-Zyklus | Neues aus dem Universum, Aufrufdatum: 04.11.2017

[21] V. Bromm, R.B. Larson, http://www.spektrum.de/ → Magazine → Spektrum der Wissenschaft → Ausgaben-Archiv → Jahrgang 2002 → 2 / 2002 → Die ersten Sterne im Universum, Aufrufdatum: 04.11.2017

[22] H. Lesch, J. Müller, „Kosmologie für helle Köpfe Die dunklen Seiten des Universums“, Goldmann, München (^{4}2006)

[23] ESO, http://www.eso.org/public/germany/ → Aktuelles → Pressemitteilungen → 2011-2017 → 2015 → Beobachterischer Nachweis von Sternen der ersten Generation im Universum, Aufrufdatum: 04.11.2017

[24] MMCD New Media, http://www.scinexx.de/ → Kosmos → Suchebegriff „Astronomen sehen Licht der allerersten Sterne“ → scinexx | Astronomen sehen Licht der allerersten Sterne: Direkte…, Aufrufdatum: 04.11.2017

[25] D. Sobral, J. Matthee, B. Darvish, D. Schaerer, B. Mobasher, H. J. A. Röttgering, S. Santos, S. Heammati, https://www.urknall-weltall-leben.de/ → Downloads → CR7 – Licht der ersten Sterne, Aufrufdatum: 04.11.2017

[26] F. Freistetter, http://scienceblogs.de/ → Astrodicticum simplex → November 2016 → Hurra: Der Spiegel des James-Webb-Weltraumteleskops ist fertig!, Aufrufdatum: 04.11.2017

10. Abbildungsverzeichnis

Abb.1:
https://upload.wikimedia.org/wikipedia/commons/8/8d/Expansion_des_Universums.png, Aufrufdatum: 02.08.2017

Tabelle 1:
A. Frebel, „AUF DER SUCHE NACH DEN ÄLTESTEN STERNEN“, FISCHER Taschenbuch, S. Fischer Verlag, Frankfurt am Main (^{2}2014)

Abb.2:
http://www.astromanie.de/astromania/galerie/Spektren/so090128-gesamtsonne2-grafik.jpg, Aufrufdatum: 04.08.2017

Abb.3:
https://de.wikipedia.org/wiki/Orionnebel#/media/File:Orion_Nebula_-_Hubble_2006_mosaic_18000.jpg, Aufrufdatum: 09.08.2017

Abb.4:
https://planeten6b.jimdo.com/entwicklung-der-sterne/wandel-der-sterne/hertzsprung-russell-diagramm, Aufrufdatum: 16.08.2017

Abb.5:
https://lp.uni-goettingen.de/get/text/7168, Aufrufdatum: 16.08.2017

Abb.6:
http://www.spektrum.de/lexikon/astronomie/hydrostatisches-gleichgewicht/191, Aufrufdatum: 18.08.2017

Abb.7:
https://en.wikipedia.org/wiki/Cosmos_Redshift_7#/media/File:Eso1524aArtist%E2%80%99s_impression_of_CR7_the_brightest_galaxy_in_the_early_Universe.jpg, Aufrufdatum: 05.09.2017